BEI GRIN MACHT SICH IHR WISSEN BEZAHLT

Doreen Flegel

Stadtentwicklung in der DDR und die Merkmale sozialistischer Städte

GRIN Verlag

Bibliografische Information der Deutschen Nationalbibliothek:

Die Deutsche Bibliothek verzeichnet diese Publikation in der Deutschen National-
bibliografie; detaillierte bibliografische Daten sind im Internet über http://dnb.d-
nb.de/ abrufbar.

Impressum:

Copyright © 2005 GRIN Verlag GmbH
Druck und Bindung: Books on Demand GmbH, Norderstedt Germany
ISBN: 978-3-638-93779-5

Dieses Buch bei GRIN:

http://www.grin.com/de/e-book/88665/stadtentwicklung-in-der-ddr-und-die-
merkmale-sozialistischer-staedte

Universität Trier

Fachbereich VI: Geographie/ Humangeographie

Stadtgeographie

Wintersemester 2005/2006

Stadtentwicklung in der DDR
und die Merkmale sozialistischer Städte

Doreen Flegel

15.12.2005

Inhaltsverzeichnis

1. Einleitung 3
2. Politische Situation nach dem Zweiten Weltkrieg (1939-1945) 3
3. Zustand der Altstädte 4
4. Sozialistische Merkmale des Städtebaus in der DDR 5
    4.1 Städteplanerische Maßnahmen 7
5. Resultierende Folgen des Städtebaus 10
    5.1 Verkehr 10
    5.2 Umwelt 11
    5.3 Freizeit und Kultur 12
    5.4 Bevölkerung 12
6. Die Entwicklung der Städte in der DDR nach der Wiedervereinigung
    Deutschlands (1989/1990) 13
7. Fazit 15
Literaturverzeichnis 16

1. Einleitung

Die ersten Nachkriegsjahre waren in vielen deutschen Städten durch große Flüchtlingsströme, weitgehende Zerstörung der Industrieanlagen, technischen Infrastruktur sowie der Wohngebiete in den Innenstädten geprägt. Die Gründung der Deutschen Demokratischen Republik und der Bundesrepublik Deutschland kennzeichnete den Wettlauf zweier politischer Systeme und führte schließlich zu höchst unterschiedlichen Entwicklungen in den beiden Teilen Deutschlands.

Durch die weitreichenden Zerstörungen des Zweiten Weltkrieges war es durchaus gerechtfertigt von einer wichtigen Rolle der Planung in der gesellschaftlichen Entwicklung zu sprechen und die Lösbarkeit bestehender Probleme in der sozialistischen Gesellschaft anzunehmen, dessen Entscheidungsmacht der Kontrolle der Sozialistischen Einheitspartei Deutschlands (SED) unterlag.

Die verheerende Wohnungsnot, die hohe Arbeitslosigkeit und die tiefen Wunden in den deutschen Familien verlangten nach einer Lösung.

Auf den folgenden Seiten soll ein Überblick über die Stadtentwicklung der DDR und die Merkmale sozialistischer Städte gegeben werden. Mit einer anfänglichen Einführung über die politische Situation nach dem Zweiten Weltkrieg möchte ich anschließend die Stadtzustände der DDR nach 1945 darstellen. Anhand der städteplanerischen Maßnahmen des Staates, werde ich die Merkmale sozialistischer Städte erörtern sowie auf die daraus entstandenen Folgen für Verkehr, Umwelt und auf die Folgen für Freizeit, Kultur und Bevölkerung der DDR eingehen.

Die Entwicklung der Städte in der DDR nach der Wiedervereinigung Deutschlands soll einen abschließenden Punkt meiner Hausarbeit bilden. Erst nach der Wende 1989/1990 wurde das verheerende Ausmaß eines stalinistisch, antidemokratisch und zentralistisch organisierten Parteien- und Staatssystem deutlich.

2. Politische Situation nach dem Zweiten Weltkrieg (1939-1945)

Von 1949-1989 war die Sozialistische Einheitspartei Deutschlands (SED) die herrschende Staatspartei der DDR. Sie wurde am 21./22.4.1946 durch die Vereinigung der KPD (Kommunistische Partei Deutschlands) und der SPD in der sowjetischen Besatzungszone Deutschlands gegründet. Sie verstand sich als marxistisch-leninistische Partei der Arbeiterklasse und war nach dem Grundsatz des demokratischen Zentralismus aufgebaut, das heißt die Parteiorgane waren formal von unten nach oben wählbar, der tatsächliche

Entscheidungsweg verlief jedoch von oben nach unten (Vgl. Bundeszentrale für politische Bildung, o. S.).

Das formal höchste Organ war der Parteitag, der nach indirekten, von der Führung gesteuerten Wahlen alle fünf Jahre zusammentrat. Die Aufnahme in die SED war erst nach einjähriger Kandidatenzeit möglich und bedurfte der Bestätigung durch die zuständige Kreisleitung. 1989 hatte die SED 2,26 Millionen Mitglieder (Vgl. Bundeszentrale für politische Bildung, o. S.).

Die Sozialistische Einheitspartei Deutschlands nutzte das Programm des umfassenden Aufbaus des Sozialismus. Parteiführer waren in der Zeit der SED Walter Ulbricht, Erich Honecker, Egon Krenz und Gregor Gysi.

Die Partei führt neben dem Sozialismus die Zentralisierung von Planung ein. Durch diese absolute Lenkung und Steuerung durch den Staatsapparat konnte eine absolute Kontrolle der Bevölkerung ermöglicht werden.

1961 führt der Mauerbau erneut zur weiteren Differenzierung Deutschlands in die Bundesrepublik Deutschland sowie die DDR (Deutsche Demokratische Republik).

3.   Zustand der Altstädte

Durch den Zweiten Weltkrieg wurden viele Städte, vor allem große Teile Ostmitteleuropas, zerstört. Auf dem Gebiet der DDR sind zahlreiche historische Denkmäler erhalten geblieben;

sie stellen einen beträchtlichen kulturellen und materiellen Wert dar. Von 643 Städten haben 620 ein Stadtzentrum mit einem hohen Anteil historischer Bausubstanz. Jediglich 32% der historischen Bausubstanz ist hochgradig gefährdet (Vgl. SAUBER-ZWEIG 1991, S. 16). Die noch vor dem ersten Weltkrieg erbauten Häuser in der Innenstadt zeichnen sich allerdings durch unzureichende Heiz-, Strom- und Entsorgungsinfrastruktur sowie hohe Anteile

Abb. 1: Zerstörte Bausubstanz durch den Zweiten Weltkrieg - Beispiel Gera

Quelle: Schöller 1986, Tafelanhang

schlechter oder unzureichender Bausubstanz aus. Daher stehen 43% der bürgerlichen Wohnungen in der Altstadt leer, da sie nicht mehr bewohnbar sind. Besonders in den Städten Görlitz, Potsdam oder Meißen herrschen katastrophale Zustände (Vgl. SAUBERZWEIG 1991, S. 16).

„17% der städtischen Krankenhäuser, 29% der Verkaufsstellen und 49% der Großhandelslager (in den Innenstädten) befinden sich in den Bauzustandsstufen 3 und 4" (SAUBERZWEIG 1991, Seite 20) beziehungsweise weisen sie schwere Schäden auf oder sind unbrauchbar.

Mit Ausnahme industrieller Großeinrichtungen am Stadtrand, konzentrieren sich alle Funktionen auf die Kernstadt. Daher befinden sich zwei Drittel aller Arbeitsstätten der produktiven Bereiche im Stadtinneren und häufig sogar in fußgängerfreundlicher Entfernung.

Banken und Versicherungen, Arzt- und Rechtsanwaltspraxen gehören im sozialistischen System nicht zum Grundgerüst der Zentrenausstattung. Warenhäuser, Buchhandlungen und Reisebüros sind auf einzelne größere Standorte konzentriert und meist nur für wenige Stunden geöffnet.

Der ungenügende Zustand der Industriegebäude und der technischen Infrastruktur sowie der Verfall der innerstädtischen Wohngebiete ist überall deutlich. Dies betrifft am stärksten die industriellen Ballungszentren. Somit steht nicht aus, dass das Niveau der Versorgung von Wirtschaft und Bevölkerung durch den hohen Verfall vieler Städte und Stadtgebiete beeinträchtigt ist. Das weiter vom Stadtkern entfernte Umland besitzt nur vereinzelt Kläranlagen, die jedoch zu einem Drittel einen ungenügenden Zustand aufweisen (Vgl. PFAU 1990, S. 201f.).

Da die Lösung dieser Probleme einen beträchtlichen Wert darstellen, errechnete das Bauministerium für die Stadtsanierung in der DDR bis 1990 rund „400 Milliarden DM." (SAUBERZWEIG 1991, S. 17)

4.   Sozialistische Merkmale des Städtebaus in der DDR

Für einen Stadtaufbau nach sozialistischem Grundmuster waren die von 1950 veröffentlichten „Sechszehn Grundsätze des Städtebaus" (SCHÖLLER 1986, S. 19) bestimmend. Jede sozialistische Stadt sollte ihr individuelles, unverwechselbares Aussehen erhalten, sowie soziale Ausgeglichenheit und Harmonie aufweisen. Zudem musste „das Zentrum als bestimmender Kern und politischer Mittelpunkt der sozialistischen Stadt die wichtigsten politischen, administrativen und kulturellen Einrichtungen erhalten. Wichtig waren dabei [...]

die Repräsentation und Demonstration, das heißt die Symbolisierung des Staates und der neuen sozialen Gesellschaftsordnung durch Anlage

von (Versammlungsplätzen und Aufmarschstraßen für Massendemonstrationen), mindestens ein großer zentraler Platz (als) Konzentrationspunkt für Volksfeste (und) die Errichtung städtebaulicher Dominanten in Gestalt zentraler Partei-, Verwaltungs-, und Kulturhochhäuser als Ausdruck der Staatsmacht."

(HEINEBERG 2001, S. 224) Auch die Wohnsiedlungen sollten einen städtischen Charakter verdeutlichen. Die Entwicklung des öffentlichen Nahverkehrs, die Erschließung von Erholungsflächen und der Umweltschutz sollten bei diesem Konzept gleichrangig bedacht werden.

Abb. 2: Höhendominanten ostdeutscher Städte

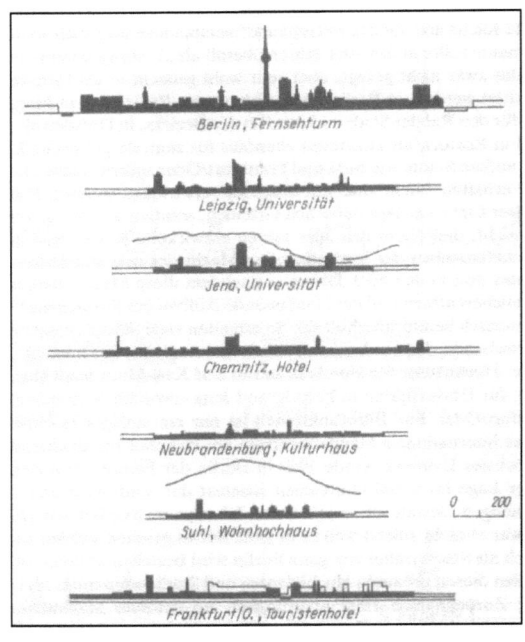

Quelle: Marcuse / Staufenbiel 1991, S. 61

4.1 Städteplanerische Maßnahmen

Für den Städtebau war nach den wirtschaftspolitischen Direktiven der Apparat der Plankommission und das Bauministerium verantwortlich. Die Stadtentwicklung erfolgte somit ohne demokratisch-öffentliche Planungsverfahren.

Die Unterlassung von Bauerhaltungsmaßnahmen in den Innenstädten und die ansteigenden Zahlen von Wohnungssuchenden, veranlasste zu neuen Überlegungen des Städtebaus.

„Eine entscheidende Grundlage für die städtebaulichen Umgestaltungen und Neuplanungen sollte (zusätzlich) das Bodenrecht darstellen, die sogenannte sozialistische Bodenordnung, die [...] (vor allem) das Recht auf Inanspruchnahme von Baugelände für volkeigene Bauvorhaben [...] (sicherte). Die für den Aufbau benötigten Grundstücke wurden (somit) in der Regel enteignet." (HEINEBERG 2001, S. 223) Auf Privateigentum und Grundstücksgrenzen wurde keine Rücksicht genommen.

Nach KIND (1990, S. 213) war ein durchgängiges und vollständiges Bauplanungs- und Bauordnungsrecht nur lückenhaft vorhanden. Die Städteplanung wurde zumeist im Zusammenhang mit der Vorbereitung von Entscheidungen zur Investitionsplanung [...] erlassen.

Um die zunehmende Anzahl der Wohnungssuchenden schnell zu reduzieren, wurde ab 1960 die Plattenbauweise eingeführt. Von staatlicher Seite erweckte dies steigende Interesse an Neubauten, die am Stadtrand realisiert werden sollten. Ideen von teuren Renovierungen oder Umbauten in den Kernstädten wurden daher völlig außer Acht gelassen.

Durch eine Konzentration auf großindustrielle Fertigungsmethoden war für den DDR-Wohnungsbau die industrielle Massen-produktion von Betonelementen maßgebend.

Dreiviertel aller Neubauten wurden in Plattenbauweise, die restlichen Gebäude in Mauerwerksbau und Block- beziehungsweise Streifenbau errichtet. Durch die Massenherstellung dieser Bauelemente sank der Produktionsanteil privater Unternehmen von 60% im Jahre 1950 auf 6% im Jahre 1986 (Vgl. SAUBERZWEIG 1991, S. 17f.).

„Das ständig auf den Baustellen vorhandene Materialdefizit von 20 - 25 % führte [...] (viele) Jahre zur Vergeudung

Abb. 3: Randstädtisches Wohngebiet - Plattenbauten, Rostock

Quelle: Schöller 1986, Tafelanhang

7

gesellschaftlichen Arbeitsvermögens. Von [...] rund 1800 Stunden (jährlicher Arbeitszeit) wurden durchschnittlich nur 1400 Stunden produktiv genutzt." (SAUBERZWEIG 1991, S. 18) Zunächst entstanden Wohnungskomplexe „für 4000-5000 Einwohner". (HEINEBERG 2001, S. 225) Da nun für viele Familien der begehrte Wohnraum geschaffen wurde, kam es zu erheblichen Einwohnerumverteilungen von innerstädtischen Gebieten an den Stadtrand. Jedoch hielt die Freude der neu einziehenden Bevölkerung nicht lange an. Die Zeilenbauweise der Plattenbauten war durch Einheitlichkeit, graue Farben und Monotonie geprägt. Die durchschnittliche Wohnungsgröße betrug bis 1971 58m². Zwischen 1971 und 1990 vergrößerten sich die Wohnungen auf 65m² (Vgl. PFAU 1990, S. 204).

Dazwischen gab es eine minimale Anzahl von Institutionen des alltäglichen Bedarfs wie Schulen, Kindergärten oder Spielanlagen. Diese Wohngebiete waren jedoch standörtlich isoliert und weitgehend selbstständige Einheiten.

Abb. 4: Planungskonzept eines sozialistischen Wohnkomplexes

Quelle: Heineberg 2001, S. 225

8

Erst ab den 70er Jahren entstanden unterschiedliche Gebäudeverbindungen und -formen. Der einheitliche Zeilenbau wurde teilweise auch durch Rundformen oder Verschachtelungen abgelöst (Vgl. HEINEBERG 2001, S. 225).

Nach GÜTHER (et al. 1989, S. 872) war ab 1971 nicht mehr Städtebau sondern nur noch Wohnungsbau geplant. 1973 entstand das Wohnungsbauprogramm. Durch Neubau statt Reparatur erhaltenswerter Substanz, Abriss zur Baufreimachung für flächenaufwendige Technologien statt Lückenbebauung wurde die Stadtentwicklung im wesentlichen zur reinen Standortverteilung des Wohnungsbaus. Durch fehlende finanzielle und materielle Mittel wurden die praktischen Durchsetzungsmöglichkeit vom Staat jedoch stark behindert.

Ab den 80er Jahren erstellte man zunehmend Wohngebiete für 100.000 Einwohner (Vgl. HEINEBERG 2001, S. 226). Die Plattenbauweise wurde somit fortgesetzt, wobei die ersten Komplexe schon wieder sanierungsbedürftig waren. Durch die Abwesenheit kommunaler Selbstverwaltung wurde der Wohnungsmarkt staatlich dirigiert und durch ein zentralistisches Verteilungssystem geprägt. Staatliche Wohnzuweisungen erfolgten nach bestimmten Kriterien, wie beispielsweise Partei- und Berufzugehörigkeit, Familienstand und Alter (Vgl. BÄHR et al. 2005, S.142). Vorrangig wurden die Wohnungen an kinderlose Haushalte, aber auch Singles und aus Westdeutschland zuziehende Personen vergeben, die vor allem als Mieter und nicht als Eigentümer einzogen.

Das übermäßige Bauen an den städtischen Rändern bewirkte eine gleichzeitige Vernachlässigung der Stadtkerne mit zunehmendem Verfall wertvoller Bausubstanz und Verlust historischer Identität. Wohnungsbau am Stadtrand führte so zu einem Auseinanderfallen der ehemals eng miteinander verbundenen städtischen Funktionen von Arbeiten, Wohnen und Freizeitgestaltung. Vielgeschossige Bebauung beeinflusste die Raumstruktur und die Beziehungen zur Landschaft in negativer Weise. Durch hohe Bebauungsdichten und große Komplexe ohne Fahrstuhl, sollte das Bauen besonders kostengünstig werden. Bis 1990 wurden 2,7 Millionen Plattenbauten neu angelegt (Vgl. SCHÖLLER, S. 25).

Eine einseitig gelenkte Wohnungsbaupolitik sowie die Beschränkung finanzieller und materieller Mittel für die Städteplanung, führten demnach zu unzureichenden qualitativen Entwicklungen der Wohnbedingungen in vielen Städten.

5.   Resultierende Folgen des Städtebaus

Da man von Seiten der Regierung keinen Wert auf Erhalt der historischen Bauwerke legte und sich nur auf den Wohnungsbau konzentrierte, wurde die räumlichen Interessen der Bürger in den Hintergrund gedrängt.

Fehlende private Eigentumswohnungen, ungenügende Finanzmittel aufgrund niedriger Einkommen und fehlender Bankkredite sowie die begrenzte Motorisierung der Bevölkerung verminderte eine extensive Suburbanisierung.

Die andauernden Materialdefizite haben bewirkt, dass sich Sanierungsleistungen stetig angestaut haben. Daher war der Verlust an Weltkulturgut in den Stadtkernen, durch das zunehmende Interesse an Plattenbauten in den Stadträndern, unumgänglich.

5.1   Verkehr

Die Vielzahl aller produktiven Gewerbe und somit auch die Arbeitsstätten der Bevölkerung befanden sich fast ausnahmslos im Stadtinneren. Durch den hohen Weg-Zeit-Aufwand zur Arbeit, den die meisten Menschen aus den Plattenbauten nun auf sich nehmen mussten, durch Pendler, das Einkaufen oder durch Bring- und Holdienste zum Kindergarten und der Schule, stieg der Motorisierungsgrad rasch an. 1972 rechnete man 79 PKW auf 1000 Einwohner. 1987 waren es schon 196 PKW pro 1000 Einwohner (Vgl. SAUBERZWEIG 1991, S. 21). Nach BÄHR (2005, S.145) stieg der Anteil an Mehr-Pkw-Haushalten im Schweriner Umland bis 1995 von 27% auf 62%. Durch den Anstieg der Motorisierung der Bevölkerung entstand eine Mehrbelastung der öffentlich genutzten Straßen. Dies führte zu einem wachsenden Sicherheitsrisiko, denn zwei Drittel

Abb. 5: Unsanierte Straßenschäden der Innenstadt

Quelle: Werner 1981, S. 266

aller kommunalen Straßen befanden sich in den Bauzustandsstufen 3 beziehungsweise 4 und waren daher stark beschädigt oder vollkommen unbrauchbar. Straßenschäden wurden, durch die hohen finanziellen Kosten und die starke Konzentration auf den Wohnungsbau, nicht saniert. Lediglich Warnschilder sollten die Bevölkerung vor großen Straßenschäden bewahren. Es wurden zwar in vielen Städten Ortsumgehungsstraßen geplant, diese konnten jedoch nur in geringem Umfang realisiert werden. Dies zog eine hohe Innenstadtbelastung durch den Durchgangsverkehr mit sich, was zu immer größerem Bedarf an Sanierungsleistungen führte.

5.2 Umwelt

Durch die einseitige Konzentration auf das Bauen von Wohnkomplexen am Stadtrand wurde die Umwelt völlig außen vor gelassen. Es entstanden „planlose Wucherungen der Stadtränder" (KIND 1990, S. 212) und eine beinah „völlige Vernichtung der Landschaft" (KIND 1990, S. 212), denn land- und forstwirtschaftliche Nutzflächen wurden für die Erweiterung der Städte überhöht beansprucht. In den meisten Städten sind hierfür mehr Nutzflächen entzogen worden, als letztlich benötigt wurden.

Die Luftverunreinigung macht jedoch in der DDR das massivste Umweltproblem sichtbar. Bisher wurde in den Altstädten vorrangig mit Braunkohle als Energieträger geheizt. Dieser schadstoffreiche als auch ineffektive Brennstoff deckte für rund „70%" (SAUBERZWEIG 1991, S. 21) der Bevölkerung den Energiebedarf.

„Bei der Emission von Schwefeldioxid übertrag die DDR (bis 1991) alle europäischen Staaten [...]: Mehr als 5,2 Millionen Tonnen des Schadgases gingen im Jahr 1988 in die Luft. Das sind allein 48 Tonnen/km². In den meisten anderen europäischen Staaten errechnete man einen Wert von 10-15 Tonnen/km². Besonders starke Verschmutzung erlitten hierbei Dresden, Halle und Leipzig." (SAUBERZWEIG 1991, S. 22) Fast die Hälfte aller Heizkraftwerke haben die ihre Nutzungsdauer überschritten.

Versäumte Wärmedämm-Maßnahmen in den neuen Plattenbauten, erhöhten den Pro-Kopf-Verbrauch an Primärenergieträgern.

Die Vernachlässigung der technischen Infrastruktur und die zusätzlichen Abgase durch den steigenden Verkehr belasteten Wasser und Boden in überhöhtem Maße.

Zu den starken Umweltbelastungen durch die Luftverunreinigung kamen mangelnde Abwassernetze und Abwasserbehandlungsanlagen. In den meisten Versorgungsgebieten herrschte eine unzureichende Speicherkapazität. Die Hauptursache für extreme Wasserverluste bestand durch die erhebliche Bruchgefahr vieler Leitungen.

Fast ein Fünftel des Wassers war so massiv verschmutzt, dass man es weder für die Trinkwasseraufbereitung, noch zur Bewässerung verwenden konnte. Deshalb wurden jährlich circa 7,4 - 8,9 Millionen Kubikmeter unbehandeltes Abwasser in die Gewässer geleitet (Vgl. SAUBERZWEIG 1991, S. 22).

Die Folgen waren vor allem der Rückgang der Vegetationsstabilität und -vitalität, denn „1987 waren erst 32%, 1989 bereits 54% [...] (aller) Waldflächen geschädigt." (PFAU 1990,

S. 205) Dies brachte eine geringere Lebenserwartung der Bevölkerung mit sich. Zunehmend entstehende Bauschäden wie beispielsweise an Dächern und Natursteinfassaden konnten nicht mehr verhindert werden und die Lebensdauer wertvoller Bausubstanz wurde erheblich reduziert. Brachliegende Industrieanlagen mit umfangreichen Altlasten sowie unkontrollierte Mülldeponien stellten weitere ökologische Probleme dar, die Natur und Luft verunreinigten.

Hinsichtlich dieses großen Ausmaßes an Umweltverschmutzungen ist es kaum verwunderlich, dass viele Kinder unter Hals-, Nasen- und Lungenkrankheiten litten.

5.3 Freizeit und Kultur

Die Menschen in der DDR haben, vor allem durch die negativen Folgen der Stadtentwicklungen, ein ausgeprägtes Bewusstsein über den Wert der Freizeit entwickelt. Arbeitsfreie Zeit wurde und wird besonders kostbar empfunden. Die Möglichkeiten zur Freizeitnutzung in den Städten waren jedoch sehr unzureichend.

Trotz der großräumigen Flächenvergrößerungen in den Städten, konnte nur eine begrenzte Verbesserung der Grünanlagen hergestellt werden. Kulturelle Landschaftsräume wurden verbaut oder als Lagerfläche genutzt. Durch Wohnungsneubau wurde der Schutz und die Pflege denkmalgeschützter Parks und Gärten total vernachlässigt.

Weil auch hier finanzielle Hilfen weitgehend ausblieben und private Sponsoren fehlten, standen die Kultureinrichtungen in den Stadtkernen vor dem Ruin. Die Regierung konzentrierte sich weitgehend auf den Wohnungsneubau und die schnelle Unterbringung Wohnungssuchender. Deshalb erhielten bis 1990 nur Werke des Weltkulturerbes, wie zum Beispiel der Zwinger in Dresden staatliche Förderung (Vgl. PFAU 1990, S. 202).

Durch die randstädtischen Wohnungen kam es zu einer Trennung zwischen Wohnsitz, Arbeitsplatz, Garten und Freizeitangeboten. Nach BÄHR (et al. 2005, S.149) spielte sich daher die Freizeitgestaltung der Menschen meist in den sogenannten Datschen, den Freizeitwohnsitzen am Stadtrand oder im ländlichen Raum, zum privaten Rückzug ab.

5.4 Bevölkerung

Durch die fehlenden Alternativen in der Kernstadt, billiger Mieten und die großen Hoffnungen auf eine neue Unterkunft, zog es zunächst viele Menschen in Plattenbauten.

Auch der Rückgang an Geburten trug dazu bei, dass die Innenstädte wie beispielsweise Leipzig und Cottbus einen Großteil ihrer Bevölkerung verloren. Die Folgen waren große Leerstände der Gebäude oder häufig vollständig entwohnte Blocks am Stadtrand.

„Nach 1981 haben insgesamt rund 3,2 Millionen (Menschen) innerhalb der DDR ihren Wohnsitz gewechselt. Rund 438000 Personen verließen seit 1982 die DDR." (SCHMIDT et al. 1990, S. 244) Insbesondere gehörten dazu die nördlichen Städte wie Halle, Erfurt, Suhl und Dresden. Eine große Rolle spielen hier vor allem die stadtrandliche Wohnungsmaßnahme, katastrophale Umwelt- und Lebensbedingungen, eine schlechte Erreichbarkeit von Zentren und Arbeitsstätten durch weit entfernte stadtrandnahe Plattenbauten beziehungsweise der dadurch bedingte Verlust zehntausender Arbeitsplätze.

Die Bevölkerung möchte eine funktionsfähige, ökologisch verträgliche, kulturvoll gestaltete und baulich intakte Stadt.

War es vor allem in den früheren Jahren ein höherer Anteil an Rentnern, die aufgrund der besseren Altersversorgung in die Bundesrepublik Deutschland abwanderten, so verlagerte sich das Schwergewicht in den Jahren ab 1987 auf jüngere Altersgruppen (Vgl. SCHMIDT et al. 1990, S. 244). Während die Binnenwandernden eine Lösung ihrer Probleme durch einen Umzug in einen anderen Bezirk oder eine andere Stadt erwarteten, gingen die Abwandernden davon aus, dass eine Verbesserung der Wohnqualität und des Wohnumfeldes innerhalb der DDR nicht möglich sei. Dies hatte beträchtliche Verluste an jungen, wirtschaftlich aktiven und qualifizierten Menschen zur Folge, die der DDR nun auf Dauer fehlten und freie Arbeitsplätze unbesetzt blieben oder mit minder-qualifizierten Menschen ausgeglichen werden mussten.

6. Die Entwicklung der Städte in der DDR nach der Wiedervereinigung Deutschlands (1989/1990)

„Mit der im Herbst 1989 in der DDR einsetzenden politischen und ökonomischen Wende entsteht [...] (die) Vereinigung Deutschlands und die fortschreitende Integration in Europa nach völlig neuen Voraussetzungen und Aufgaben für die [...] Siedlungsstrukturplanung auf dem Gebiet der (ehemaligen) DDR." (SCHERF 1990, S. 229)

Durch die Öffnung der Grenzen wurde die, bisher durch die Staatsorgane durchgeführte, Planwirtschaft abgelöst. Diese konzentrierte sich hauptsächlich auf „Wirtschaftsvorgänge, (die) durch eine oberste Wirtschaftsbehörde zentral geplant und gelenkt wurden." (SOMMER 2005, o. S.) In Kraft trat nun die Marktwirtschaft beziehungsweise ein Wirtschaftssystem, dass durch Angebot und Nachfrage auf den freien Märkten geregelt ist (Vgl. SOMMER 2005, o. S.). Der Übergang zu marktwirtschaftlichen Bestimmungen und die Schaffung einer kommunalen Selbstverwaltung, sowie eine neu entstehende wirtschaftliche und finanzielle

Eigenständigkeit der Städte, stellen eine zukünftige Entwicklung der Städte, Dörfer und Wohnplätze innerhalb des Gebietes der ehemaligen DDR dar. Im Vordergrund steht nun eine konsequente Demokratisierung der gesamten Staats- und Verwaltungstätigkeit. Die Bevölkerung kann jetzt im Sinne einer realen Entscheidungsbeteiligung zur gesamtgesellschaftlichen, regionalen, kommunalen und persönlichen Angelegenheiten mitwirken. Seit 1990 wird für das Gebiet der ehemaligen DDR das Baugesetzbuch der alten Bundesländerverbindlich. Es gab nun eine rechtliche Grundlage für die übergeordneten Raumplanungen. Nun erfolgte ein nahezu flächedeckender Erneuerungsbedarf, der zusätzlich durch den Bund mit Finanzhilfen für städtebauliche Sanierungen und Entwicklungsmaßnahmen beschleunigt wurde (Vgl. HEINEBERG 2001, S. 234). Verbessert wurden Wohnungen, gebäudebezogene Fassaden, die Infrastruktur mit dem Handel, Dienstleistungen und Gewerbe, sowie städtebauliche Neuverdichtungen. Dies führte dazu, dass ehemals genutzte Flächen in großem Umfang brach fallen und keiner neuen Nutzung zugeführt werden konnten. Ab dem Jahr 2000 standen circa 1 Million Wohnungen, vor allem Plattenbauten, leer. Eine Abwanderung in den Westen Deutschlands aufgrund eines Arbeitsplatzes, der hohen Sterberate, der Sehnsucht nach Ein- und Zweifamilienhäusern, sowie der steigenden Mieten durch Sanierungen in der ehemaligen DDR, war kaum zu übersehen (Vgl. HEINEBERG 2001, S. 237). Daher mussten viele Städte „zurückgebaut" werden. Das betraf vor allem die Plattenbauten, die große Leerstände aufwiesen.

Abb. 6: Auswirkung jüngerer Sanierung in Berlin-Ost

Quelle: Heineberg, S. 235

7. Fazit

Mit der Gründung der DDR 1949 wurde unter den Bedingungen des 'Kalten Krieges', der Spaltung Deutschlands und wachsender antidemokratischer Einflüsse, ein zentralistisch

organisiertes Staatssystem errichtet. Walter Ulbricht sowie Erich Honecker setzten sich zum Ziel, eine zentral gesteuerte, uniforme sozialistische Gesellschaft auf deutschem Gebiet zu errichten.

Im Zusammenhang mit dem beschlossenen demokratischen Zentralismus und Sozialismus in der DDR wurde im Jahre 1952, im Auftrag der SED in aller Stille eine Verwaltungsreform vorbereitet und verabschiedet. Das politische Hauptziel der Verwaltungsneugliederung bestand in einer Verstärkung der allseitigen Beeinflussung und der Kontrolle der Bürger der DDR durch den staatlichen Macht- und Parteiapparat. Das Heimatgefühl der Menschen sollte eingeengt werden (Vgl. SCHERF et al. 1990, S. 233). Politisches Ziel war dabei, die Bevölkerung ruhig zu halten. Hierbei zeigt sich im Nachhinein der vollständige Zusammenbruch eines Staates und seiner zentralistischen Planwirtschaft. Durch die fehlenden finanziellen Mittel und privaten Sponsoren, um historische Bauwerke zu erhalten, zeigt die DDR das Ausmaß des Verfalls und der Brüchigkeit des Systems. Hier hat die bislang angewandte kommunale Verwaltung nichts oder nur wenig zum Besseren wenden können. Erfolge wurden übertrieben dargestellt; Negatives weggelassen. Gewiss gab es Gesetze, Bürgermeister, örtliche Räte, denen Aufgaben und Kompetenzen zugewiesen waren. Aber die zentralen Staatsorgane überdeckten durch allumfassende Planung und Lenkung den örtlichen Handlungsspielraum. Daher hatten die Städte und Gemeinden keine Selbstverwaltungsrechte.

Obwohl es schon 1990 zur Wiedervereinigung Deutschlands kam, durchläuft die Stadtentwicklung in Ostdeutschland noch heute einen tiefgreifenden Wandel. Auslöser sind starke Bevölkerungsrückgänge beziehungsweise überregionale Abwanderungen.

Die Stadtplanung der DDR bestand aus einem starken Wiederspruch zwischen Theorie und Praxis. Nach BÄHR (2005, S. 141) glich der sozialistische Städtebau deshalb manchmal weniger einer Umgestaltung alter Bausubstanz, sondern eher einem Wiederaufbau beziehungsweise Neuaufbau durch Plattenbauten am Stadtrand.

Somit wird klar, dass eine kulturelle Aufwertung der Stadt nicht nur das Sich-Heimisch-Fühlen der Bevölkerung stärkt, sondern dass die geistige Ausstrahlung einer Stadt die Voraussetzung für Produktivitätsgewinn ist. Die DDR hat in diesem Sinne ganze Leistung erbracht, dieses Ziel nicht oder nur kaum er erreichen.

Literaturverzeichnis

Bähr, J./Jürgens, U. (2005): Das geographische Seminar. Stadtgeographie. Regionale Stadtgeographie. Braunschweig.

Barsch, C./Bergmann, G. (2004): DDR Plattenbauten und Altbauten in Dresden. http://www.barsch-bergmann.de/referenz.php. (10.12.2005).

Bundeszentrale für politische Bildung (2003): Sozialistische Einheitspartei Deutschlands (SED). http://www.bpb.de/popup/popup_lemmata.html?guid=63EM1E. (10.12.2005).

Güther, H./Krause, L./Thurmann, C. (1989): Stadtentwicklung in der DDR. Probleme heute und morgen. - In: Informationen zur Raumentwicklung, Jg. 89, Heft 8/9, Seite 869-879.

Heineberg, H. (2001): Grundriss Allgemeine Geographie. Stadtgeographie. Paderborn u.a.

Kind, G. (1990): Regional- und Stadtplanung an der Hochschule für Architektur und Bauwesen Weimar. - In: Raumforschung und Raumordnung, Jg. 48, S. 210-217.

Marcuse, P./ Staufenbiel, F. (1991): Wohnen und Stadtpolitik im Umbruch. Berlin.

Pfau, W. (1990): Stadtentwicklung in der DDR. Hauptprobleme, Potentiale und Erfordernisse der Entwicklung der Städte. - In: Raumforschung und Raumordnung, Jg. 48, S. 201-207.

Sauberzweig, D. (1991): Die Entwicklung der Städte in der DDR. Zustand, Probleme, Erfordernisse. Konstanz.

Scherf, K. (1990): Siedlungsstrukturforschung und -planung auf dem Gebiet der DDR. Gedanken zur bisherigen Entwicklung und über künftige Aufgaben. - In: Raumforschung und Raumordnung, Jg. 48, S. 227-231.

Scherf, K. / Zaumseil, L. (1990): Zur politisch-administrativen Neugliederung des Gebiets des DDR. - In: Raumforschung und Raumordnung, Jg. 48, S. 231-240.

Schmidt, E. / Tittel, G. (1990): Haupttendenzen der Migration in der DDR im Zeitraum 1981 1989. - In: Raumforschung und Raumordnung, Jg. 48, S. 244-250.

Schöller, P. (1986): Erdkundliches Wissen. Städtepolitik, Stadtumbau und Stadterhaltung in der DDR. Heft 81. Stuttgart.

Sommer, M. O. (2005): Wissen.de - Gesellschaft für Online Information. www.wissen.de. (13.12.2005).

Werner, F. (1981): Stadt, Städtebau, Architektur in der DDR. Erlangen.